# GOIÂNIA
# Você e seu Município


**Cibeli de Souza**

Especialização em História de Goiás
e História da Educação.

Professora de História do Brasil e de Goiás,
no Ensino Médio.

Professora de História da Educação
e de Estado e Política Educacional,
no Ensino Universitário.


*Ilustrações:*
Kanton
Kika

editora HARBRA

*Direção Geral:* Julio E. Emöd
*Supervisão Editorial:* Maria Pia Castiglia
*Edição de Texto:* Sílvia Ricardo
*Revisão de Texto:* Maria Lúcia G. Leite Rosa
*Revisão de Provas:* Grasiele L. Favatto Cortez
*Editoração Eletrônica:* Eliana Shoyama
Mônica Roberta Suguiyama
*Capa:* Mônica Roberta Suguiyama
*Fotografias da Capa:* Fábio Colombini
*Impressão e Acabamento:* Yangraf – Gráfica e Editora Ltda.

**Dados Internacionais de Catalogação na Publicação (CIP)**
**(Câmara Brasileira do Livro, SP, Brasil)**

Souza, Cibeli de
Goiânia : você e seu município / Cibeli de Souza ; ilustrações Kanton, Kika. -- São Paulo : Editora HARBRA, 2004.

Bibliografia.
ISBN 85-294-0280-4

1. Goiânia - História (Ensino fundamental)
I. Kanton. II. Kika. III. Título

04-6551 CDD-372.89181731

Índices para catálogo sistemático:
1. Goiânia : História : Ensino fundamental
372.89181731

**GOIÂNIA – Você e seu Município**


Rua Joaquim Távora, 629 – Vila Mariana
04015-001 – São Paulo – SP
*Promoção:* (011) 5084-2482 e 5571-1122. Fax: (011) 5575-6876
*Vendas:* (011) 5549-2244, 5084-2403 e 5571-0276. Fax: (011) 5571-9777



ISBN 85-294-0280-4

Impresso no Brasil *Printed in Brazil*

# Conteúdo

# Aos Professores

Goiânia é uma cidade que foi planejada para ser a capital de Góias. Concebida em pensamento antes de se fazer concreta, apresenta peculiaridades decorrentes de um passado singular.

Sua construção é resultado de experiências históricas próprias que significaram, sempre, um ajuste nas trajetórias política, econômica, social e cultural das populações envolvidas.

Este livro procura mostrar uma parte da vida goiana; para tanto, recorremos à pesquisa bibliográfica e de campo, na intenção de melhor orientá-los sobre nossa história e sua articulação com a realidade brasileira.

Por meio de vocês, responsáveis pela educação, pretendemos alcançar aqueles que serão, no futuro, responsáveis por nosso estado e por nosso país: nossas crianças.

A vocês, professores, e às crianças é dedicado este livro, pois tudo o que aqui está contado é história de vida, traçada nas pegadas de uma migrante que se apaixonou por Goiás e por seu povo.

*Cibeli*

# 1

# A HISTÓRIA É DOCUMENTADA!

As fotos a seguir são de filmes que recontam algum momento da História da humanidade.

- O filme *O Príncipe do Egito* é um desenho animado que mostra o Egito antigo, onde uma rica civilização se desenvolveu às margens do rio Nilo, na África. Conta a história de Moisés, um príncipe que se tornou líder religioso escolhido por Deus para guiar seu povo de volta à Terra Prometida.

STOCK PHOTOS

*O Príncipe do Egito.*
Dir. Brenda Chapman, Simon Wells e Steven Hickner.

*Tainá – Uma Aventura na Amazônia* apresenta as incríveis e emocionantes aventuras de uma indiazinha órfã, que vive com seu avô, o sábio Tigê, em um belo recanto do rio Negro, na Amazônia. Com ele, Tainá conhece as lendas e histórias de seu povo e aprende a defender a floresta contra a maldade de alguns homens.

Tainá – Uma Aventura na Amazônia. Dir. Tânia Lamarca e Sérgio Bloch.

Esses filmes reproduzem um determinado momento histórico.

Mas será que eles realmente retratam os fatos, os costumes, a maneira de pensar das pessoas daquela época? Para nos certificarmos disso é necessário pesquisar em diversos **documentos**. Estes podem ser escritos ou não.

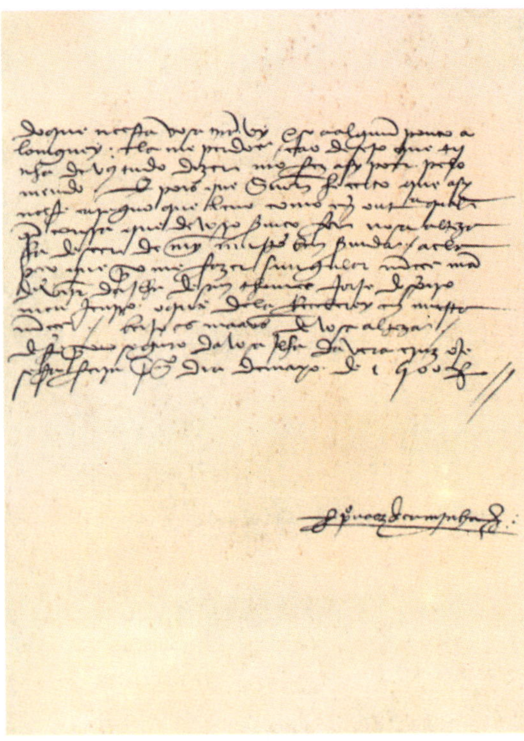



Dentre os documentos **escritos** estão os livros, os cadernos de registros, as cartas, as inscrições em pedras, em paredes etc.

Logo depois da chegada dos portugueses ao nosso território, em 22 de abril de 1500, Pero Vaz de Caminha, o escrivão oficial da frota de Pedro Álvares Cabral, enviou ao rei português uma carta descrevendo a terra e as pessoas que aqui viviam. Na imagem ao lado, vemos a última página dessa carta. As cartas que nos contam sobre o passado são consideradas *documentos históricos*.

Os documentos **não escritos** podem ser fotos, monumentos, esculturas, obras de arte, construções, móveis, vestimentas, entre muitos outros.

THE ATLAS OF LANGUAGES. FACTS ON FILE.

Os egípcios antigos desenvolveram uma escrita diferente da nossa, composta por sinais e desenhos, chamados de hieróglifos.

COREL CORP.

As pirâmides serviam de túmulo para os reis do Egito antigo.

# O Brasil, o nosso estado e o nosso município

Nossa terra já era habitada por indígenas muito antes da vinda dos portugueses. Eles viviam em tribos e tinham uma maneira de viver muito diferente dos colonizadores europeus.

Quando aqui chegaram, os portugueses se fixaram no litoral. O interior parecia impenetrável por causa das florestas e era habitado por milhares de indígenas.

Para ocupar e administrar melhor a terra, elas foram divididas em capitanias hereditárias.

Com o passar do tempo, os portugueses começaram a plantar a cana-de-açúcar em grandes fazendas chamadas de **engenho**. Da cana-de-açúcar extraíam o açúcar que era vendido na Europa.

A atividade açucareira trouxe muito lucro para os portugueses. Os negros, trazidos da África, trabalhavam como escravos nas lavouras de cana-de-açúcar.

Depois de quase dois séculos (200 anos) a venda de açúcar começou a cair na Europa. Era preciso buscar outra fonte de lucro para Portugal.

Um sonho antigo era encontrar ouro e pedras preciosas em terras brasileiras. Os paulistas já se aventuravam pelo interior em busca dos metais preciosos e de índios para escravizar.

Eles seguiam pelos rios, em expedições compostas por centenas de pessoas. No caminho, iam fundando arraiais que mais tarde se transformaram em vilas e cidades.

Quando descobriam ouro, se fixavam na região para explorá-lo. A notícia se espalhava e logo um grande número de pessoas ia para esses locais, pensando em enriquecer. Dessa maneira surgiram muitas cidades em Minas Gerais, Mato Grosso e em nosso estado, Goiás.

Em 1722, o bandeirante Bartolomeu Bueno da Silva, o Anhangüera, achou a primeira jazida de ouro em Goiás.

Fundou então o Arraial de Santana, que deu origem à primeira capital, Vila Boa de Goyaz.

Mas a febre do ouro durou pouco. Ele esgotou-se rapidamente, e as cidades que tinham se desenvolvido por causa da mineração, entraram em decadência. Tendo pouco o que fazer, parte da população saiu dessas cidades em busca de melhores condições de vida.

TATIANA F. GONDIM FRANCO

A atual Cidade de Góias antigamente era chamada de Vila Boa de Goyaz.

A partir daí, as terras goianas passaram a ser usadas para a agricultura e a criação de gado, principalmente o bovino. Muitos séculos depois, com a inauguração de Brasília, em 1960, uma grande quantidade de pessoas, principalmente da Região Nordeste, veio morar aqui.

O Estado de Goiás já foi muito maior do que é hoje. Em 1988, ele foi dividido em dois: uma parte continuou sendo o Estado de Goiás e a outra passou a ser o Estado do Tocantins.

Mapa do Brasil – Divisão Política

Fonte: *Atlas geográfico escolar*. Rio de Janeiro: IBGE, 2002.

Em 1935, Pedro Ludovico, o governador do nosso estado, transferiu da Cidade de Goiás para Goiânia a sede do governo estadual.

Goiânia, capital do nosso estado, tem uma história bem rica e diferente da maioria das cidades brasileiras. É uma cidade planejada! Isso significa que especialistas, chamados de urbanistas, escolheram o melhor lugar para construí-la, planejaram como deveriam ser suas ruas e avenidas, seus bairros, que serviços deveria ter para atender bem à população, entre muitos outros detalhes.

## Principais Cidades do Estado de Goiás

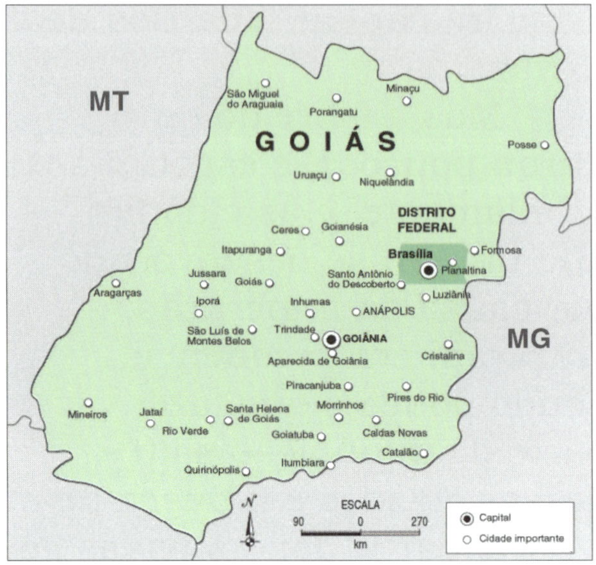


Fonte: *Atlas geográfico escolar*. Rio de Janeiro: IBGE, 2002.

CEDOC JORNAL *O POPULAR*

TATIANA F. GONDIM FRANCO

O Grand Hotel foi o primeiro prédio inaugurado em Goiânia, no ano de 1937, e nele foram realizados os primeiros encontros culturais. Hoje, nossa capital é uma cidade dinâmica, repleta de pontos de interesse cultural e artístico.

# Cada pessoa tem sua história

Você também tem uma história, e ela começa no dia em que você nasceu. Assim como a História da humanidade é contada pelos historiadores, você também pode recontar sua história. Para isso precisamos de documentos, escritos ou não. Os relatos de pessoas que nos contam fatos da nossa vida, como os nossos familiares, amigos, professores e colegas, também são muito importantes.

O primeiro registro (ou documento) do seu nascimento pode ter sido um filme do parto, feito por seu pai, uma foto do "teste do pezinho", ou a pulseira que você e sua mãe usaram na maternidade.

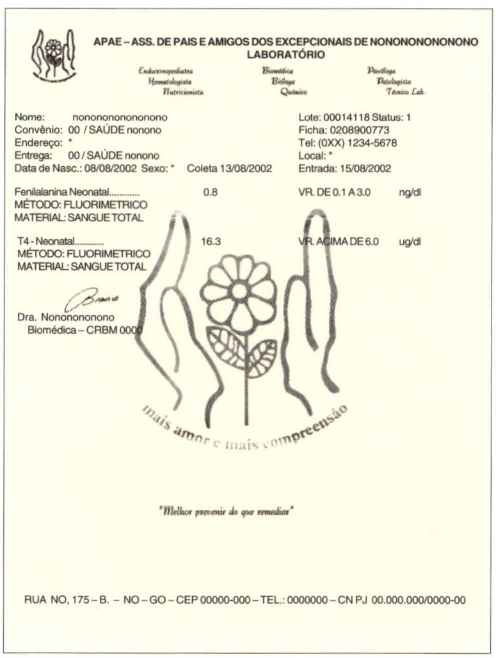
APAE – ASS. DE PAIS E AMIGOS DOS EXCEPCIONAIS DE NONONONONONONO
LABORATÓRIO
Endocrinopediatra / Hematologista / Nutricionista — Biomédica / Bióloga / Químico — Psicóloga / Patologista / Técnico Lab.

Nome: nonononononononono
Convênio: 00 / SAÚDE nonono
Endereço: *
Entrega: 00 / SAÚDE nonono
Data de Nasc.: 08/08/2002 Sexo: * Coleta 13/08/2002
Lote: 00014118 Status: 1
Ficha: 0208900773
Tel: (0XX) 1234-5678
Local: *
Entrada: 15/08/2002

Fenilalanina Neonatal............ 0.8 VR. DE 0.1 A 3.0 ng/dl
MÉTODO: FLUORIMETRICO
MATERIAL: SANGUE TOTAL

T4 - Neonatal............ 16.3 VR. ACIMA DE 6.0 ug/dl
MÉTODO: FLUORIMETRICO
MATERIAL: SANGUE TOTAL

Dra. Nonononononono
Biomédica – CRBM 0000

mais amor e mais compreensão

"Melhor prevenir do que remediar"

RUA NO, 175 – B. – NO – GO – CEP 00000-000 – TEL.: 0000000 – CN PJ 00.000.000/0000-00

O "teste do pezinho" deve ser realizado logo depois do nascimento. O exame de gotinhas de sangue do recém-nascido pode evitar que a criança venha a desenvolver uma doença que leva a uma séria deficiência mental.

O registro oficial – a **certidão de nascimento** – é um documento escrito em um livro, guardado em cartório, que atesta o lugar, o dia, a hora, a cidade, o estado em que você nasceu. Esse documento registra ainda seu sexo e nome, e também quem são seus pais e avós.

É importante termos nossa certidão de nascimento, pois ela é o documento que prova oficialmente que nós existimos e que somos cidadãos brasileiros!

Registrar o nascimento de uma criança é uma obrigação dos pais. E ninguém precisa pagar por isso: é grátis.

Vamos reproduzir sua certidão de nascimento. Para isso, peça seu registro a um familiar e preencha o modelo a seguir com seus dados.

**REPÚBLICA FEDERATIVA DO BRASIL**

*José da Silva*

Registro Civil e Tabelionato de Notas
Pça. do Sobe e Desce, 001
Goiânia – Goiás – Tel./Fax: (0xx62) 000-0000

## CERTIDÃO DE NASCIMENTO

*Livro ______ No______ Fls. ______ No ______*

*Sob os números acima, foi registrado:*

______________________________

*nascido aos ______/__________/______, às ______ horas,*

*em ______________________,*

______________________,

*do sexo ______________________, filho de:*

______________________ *e*

______________________

*Avós paternos: ______________________ e*

______________________

*Avós maternos: ______________________ e*

______________________

*Foi Declarante: ______________________*

---

*Obs.: Feito o registro em ______/__________/______*

*Número da D.N. : C000101010101*

*****

*****

*****

*****

*****

*****

REG. CIVIL E TAB. NOTAS GOIÂNIA

*O referido é verdade e dou fé.*

*Goiânia, ______/__________/______*

*a Taxa Judiciária será recolhida através da GRS no 0101011-1*

______________________________

*SUB-OFICIAL: Nonononónono*

*RCOO*

## EXERCÍCIOS

**1.** Vamos contar sua história? Peça a seus pais ou familiares que lhe dêem fotos e relatem fatos de quando você era pequeno, como, por exemplo, quando começou a engatinhar, a andar, a falar; quando entrou na escola; o nascimento de seus irmãos menores (se tiver); sua primeira festa de aniversário; quando caiu seu primeiro dente etc. Selecione os fatos que você acha mais importantes e descubra as datas exatas (ou aproximadas) em que aconteceram.

**2.** No início da linha do tempo abaixo, marque o dia de seu nascimento. Vá montando sua história ano a ano com os principais acontecimentos de sua vida e coloque-os em um painel na classe.

### LINHA DO TEMPO

**3.** Agora, você e um colega vão montar uma linha do tempo conjunta. Vocês devem decidir que acontecimentos vocês vão registrar. Observe e compare sua linha do tempo com a que você fez junto com seu colega. Aponte as principais diferenças entre elas. Faça um pequeno texto com suas conclusões.

**4.** Cite três documentos escritos e desenhe três documentos não escritos.

**5.**

DEBRET

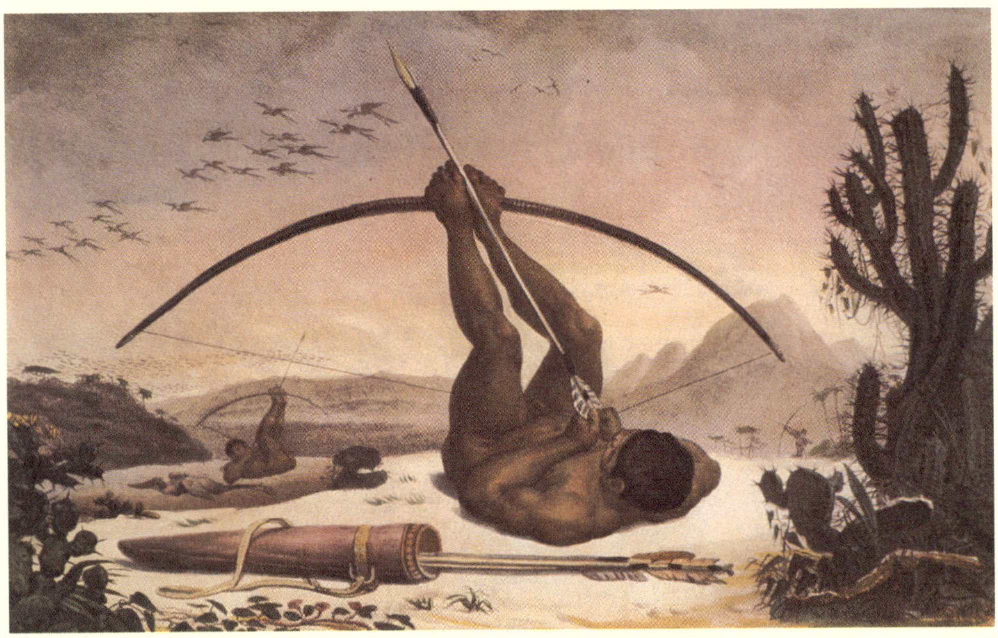

DEBRET

Estes quadros retratam como os indígenas brasileiros viviam. Observe-os e descreva o que eles contêm sobre a maneira de viver dos indígenas que habitavam nosso país.

**6.** Compare as fotos da página 10 que mostram a cidade de Goiânia em épocas diferentes. Quais as principais mudanças? Essas fotos podem ser consideradas documentos históricos? Por quê? Justifique sua resposta.

# VOCÊ E A COMUNIDADE

## Vivendo em comunidade

Você convive com outras pessoas em sua casa, na escola, tem amigos, avós, tios, primos e vizinhos. Seus pais e amigos também convivem com outras pessoas, como os colegas de trabalho, os amigos da idade deles e os vizinhos. Isso significa que nós não vivemos isolados. Ao contrário, vivemos em comunidade!

Mas, o que é uma comunidade? É um grupo de pessoas que vive em um determinado local e tem entre si algum elemento de união. Além disso, as pessoas que formam uma comunidade têm características comuns como costumes, tradições, religião, maneira de agir. Por isso, não existe um só tipo de comunidade. Certamente, você e seus colegas conhecem diversas delas!

TECA

Comunidade escolar.

COREL CORP.

Comunidade familiar.

# Vivendo em uma cidade

As cidades são formadas por diversos bairros. Provavelmente você mora em um deles e tem vizinhos. Nos bairros há casas e prédios de diversos tamanhos e algumas ruas são asfaltadas. Há praças, lojas comerciais, supermercados ou quitandas, farmácias, escolas, posto de saúde, igrejas e bancos. Por eles circulam os veículos de transporte: ônibus, carros, caminhões, bicicletas etc.

TATIANA F. GONDIM FRANCO

TATIANA F. GONDIM FRANCO

Há bairros na cidade que são mais residenciais e outros mais comerciais, mas todos eles oferecem diversos serviços.

Quando aparece um buraco em uma rua, ele deve ser reparado rapidamente para prevenir acidentes ou evitar que o trânsito se complique.

É preciso cuidar das ruas da cidade para que a população tenha uma vida melhor.

As ruas e avenidas também devem ser iluminadas, para maior segurança da população. A energia elétrica também é necessária para que os sinaleiros funcionem e o tráfego flua bem.

Para se construir uma casa, um edifício, ou mesmo no caso de uma reforma, é preciso obedecer a uma série de normas.

TATIANA F. GONDIM FRANCO

A iluminação pública é essencial para nossa segurança.

O lixo que é produzido em sua casa, na escola, nos hospitais, enfim, na cidade, precisa ser recolhido para evitar que ele se acumule, causando doenças e mau cheiro. Além disso, ele deve ser levado para locais especiais, como os aterros sanitários.

TATIANA F. GONDIM FRANCO

Nos aterros sanitários, o lixo é depositado e recoberto por terra; dessa forma, não fica exposto, o que ajuda a diminuir o risco de doenças, o mau cheiro e o acúmulo de insetos e animais que podem provocar danos à saúde.

Esses serviços e sua fiscalização devem ser feitos pelo governo do município, a **prefeitura**. Para manter esses serviços, melhorá-los e implantar outros, é necessário ter recursos.

Mas de onde vem o dinheiro para ser aplicado em obras e serviços para a população? Ele vem dos impostos e taxas que a população paga. Por exemplo, quando abastecemos o automóvel, uma parte do dinheiro que gastamos com o combustível vai para o governo do estado, que por sua vez repassa uma quantia para a prefeitura. Alguns desses impostos, como a taxa sobre o recolhimento do lixo, são cobrados diretamente pela prefeitura.

O dinheiro de nossos impostos deve ser usado em benefício da população, em serviços e obras públicas.

O governo municipal deve administrar a cidade e atender às necessidades de seus habitantes. Porém, não podemos esquecer que nós também temos de cuidar da nossa cidade!

## Município e cidade

Você mora em uma casa ou em um edifício que foi construído sobre um terreno. Nem sempre as construções ocupam todo o terreno, deixando espaços vazios até os terrenos vizinhos. A mesma coisa acontece com os municípios e as cidades.

O IBGE (Instituto Brasileiro de Geografia e Estatística) define **município** da seguinte forma: "os municípios são as menores unidades dentro da organização política e administrativa do Brasil". A localidade onde está sediada a Prefeitura Municipal é chamada de **cidade**.

Existem municípios que têm uma área ocupada apenas em parte pela cidade, também conhecida como **zona urbana**. A porção que ainda não foi ocupada pela cidade é chamada de **zona rural**. Nela temos chácaras, sítios e fazendas, onde são plantadas as lavouras, como, por exemplo, a de soja e a de algodão, de onde se extraem as matérias-primas usadas nas indústrias, os alimentos que consumimos diariamente, e onde também se cria gado.

Há municípios que têm uma grande área rural e a cidade é pequena; outros em que há uma grande área urbana e a área rural é pequena; e ainda outros em que a cidade toma praticamente todos os espaços, restando uma pequeníssima área rural.

O município de Goiânia é bastante urbanizado, mas nele ainda encontramos áreas rurais.

Em alguns municípios do Brasil, como, por exemplo, o do Rio de Janeiro, a cidade cresceu tanto que ocupa quase toda a área do município, e praticamente não existem mais áreas rurais.

FOTOTECA

A cidade do Rio de Janeiro cresceu tanto que é difícil saber onde termina esse município e começa outro.

# A população nas cidades

O lixo acumulado nas ruas pode entupir os bueiros.

O governo não é o único responsável pela nossa cidade! Todos temos responsabilidades por sua preservação. Por exemplo: algumas pessoas têm o péssimo hábito de jogar lixo nas ruas! Quantas vezes vemos pessoas tomando um refrigerante ou comendo alguma coisa e que não procuram uma lixeira para jogar a lata, o guardanapo, ou o saco do salgadinho fora? Você sabia que esse lixo vai parar nos bueiros que, em pouco tempo, ficam entupidos? E quando isso acontece, a água das chuvas não consegue escoar para os rios. Este é um dos motivos das enchentes!

Outras vezes, o lixo se amontoa nas ruas, em regiões mais baixas, atraindo animais e insetos, como ratos e baratas, sendo foco de doenças. Muitas pessoas pensam: "Ah! é só uma latinha, uma garrafa de refrigerante!" Agora, imagine muitos moradores pensando dessa maneira e fazendo a mesma coisa! Serão milhões de latinhas, de garrafas, de sacos e de muitas outras coisas que já não servem mais, jogadas em locais públicos.

Além disso, nós, cidadãos, devemos ter sempre a preocupação de preservar o que é público, ou seja, o que é de todos! Ninguém gosta de viver ou de ficar em um lugar todo sujo, desarrumado. Isso vale também para os lugares onde vivemos, seja em casa, na escola, no bairro, nas ruas ou nos locais de lazer. Pense nisto!

Existem outras coisas que precisamos observar para viver melhor em nossa cidade, exercendo nossos direitos de cidadãos e respeitando os dos outros. Por exemplo, para nossa segurança e a dos demais, devemos atravessar as ruas nas faixas de pedestre.

## EXERCÍCIOS

1. Discuta com seus colegas como é a comunidade da sua escola. Em seguida, faça um desenho, retratando-a.

2. Como é o bairro onde você mora? Ele é o mesmo onde você estuda? Junto com seus colegas, monte um painel sobre os diversos bairros goianienses. Traga fotos do seu bairro, faça desenhos daquilo que você acha interessante nele e que deve ser mostrado. Depois, com a ajuda de sua professora, organizem uma exposição dos painéis.

3. Faça um desenho identificando a zona rural e a zona urbana de um município.

4. Você concorda com a afirmação de que todos nós somos responsáveis por nossa cidade? Justifique sua resposta.

5. Que tal fazermos em nossa escola uma Campanha do lixo? Mãos à obra! Pegue papel, canetas coloridas, lápis de cor e fita adesiva. Faça cartazes sobre a necessidade de recolhermos o lixo em local apropriado e os problemas que pode causar o lixo jogado nas ruas, rios, terrenos baldios. Monte a campanha de coleta seletiva de lixo: plástico, papel e vidro devem ser separados para serem reciclados. Seu(sua) professor(a) deve ajudá-lo(a) nessa tarefa, pois é muito perigoso mexer com o lixo, principalmente os vidros. Use luvas descartáveis. O lixo reciclável deverá ser encaminhado para os locais de beneficiamento, o que poderá ser feito com a ajuda de seu(sua) professor(a).

6. Converse com seus colegas sobre a questão do lixo nas cidades. Vocês têm idéias para tentar resolver esse problema? Quais? Façam um pequeno texto sobre o assunto. Peçam a seu(sua) professor(a) para encaminhar os textos aos órgãos responsáveis pela coleta de lixo de sua cidade.

# AS ORIGENS E O DESENVOLVIMENTO DA CIDADE DE GOIÂNIA

O lugar onde você mora nem sempre foi do jeito que é hoje. A paisagem foi transformada pela ação dos seres humanos. Você consegue imaginar que o lugar onde vivemos era todo recoberto por vegetação e que era habitado por indígenas e por animais típicos dessa região?

## A paisagem goiana

Em nosso estado predomina a vegetação do **cerrado**.

Nela estão presentes árvores pequenas e arbustos bem separados uns dos outros. O solo é recoberto por uma vegetação rasteira. Por causa do clima **tropical**, com muita chuva no verão e seca no inverno, as árvores têm cascas grossas, raízes profundas e folhas com pêlos, permitindo que a vegetação

J. M. VIEIRA FRANCO

Árvores tortuosas, de casca grossa, são típidas do cerrado.

enfrente melhor o período sem chuvas. As cascas grossas protegem a planta dos incêndios que ocorrem com freqüência na época das secas; as raízes longas ajudam as plantas a retirar água de solos mais profundos; as folhas grossas dificultam a evaporação da água.

No clima tropical as temperaturas são altas o ano inteiro. No verão chove muito e os invernos são secos.

A cidade de Goiânia está situada em um local alto (a 749 metros acima do nível do mar), o que torna o clima ameno, com temperaturas médias anuais em torno de 22ºC. Temperaturas mais baixas ocorrem de maio a julho, entre 19º e 21ºC, meses em que a média das mínimas oscila entre 10ºC e 13ºC. A maioria dos dias do ano é bastante ensolarada.

Nossa cidade é cortada pelo rio Meia Ponte e seu afluente, o ribeirão João Leite. Em suas margens encontramos um tipo de vegetação chamada de **mata ciliar.** Essa vegetação acompanha a margem do rio e tem uma largura de aproximadamente 30 metros. O nome mata ciliar é dado a esse tipo de vegetação porque protege o rio, da mesma forma como nossos cílios protegem nossos olhos.

Ao longo de nossa história, muitas áreas do cerrado ou de mata ciliar foram derrubadas para dar lugar a plantações e pastagens. Até pouco tempo atrás, as pessoas não sabiam que o desmatamento pode prejudicar o solo. Quando retiramos sua cobertura vegetal, retiramos também sua proteção natural. Sem sua proteção natural, o solo fica muito mais exposto à chuva e ao sol, desgastando-se rapidamente. Se não tomarmos cuidado, esse desgaste, também chamado de **erosão**, pode deixar o solo extremamente arenoso e seco, abrindo grandes fendas no chão.

CIBELI DE SOUZA

Este tipo de erosão do solo normalmente acontece porque ele não é cuidado da maneira certa.

A falta de cobertura vegetal leva a uma perda de fertilidade no solo: nada mais brota nele.

O rio Meia Ponte nasce na fazenda Moreira, região de Mato Dentro, na serra dos Brandões, município de Itauçu. Atravessa 35 municípios e deságua no rio Parnaíba. É muito importante para nossa cidade, pois dele vem a água que utilizamos. Além de abastecer a cidade de água, o rio Meia Ponte recebe também os esgotos das nossas casas, das fazendas e das indústrias, ficando muito **poluído**.

Bacia Hidrográfica do rio Meia Ponte

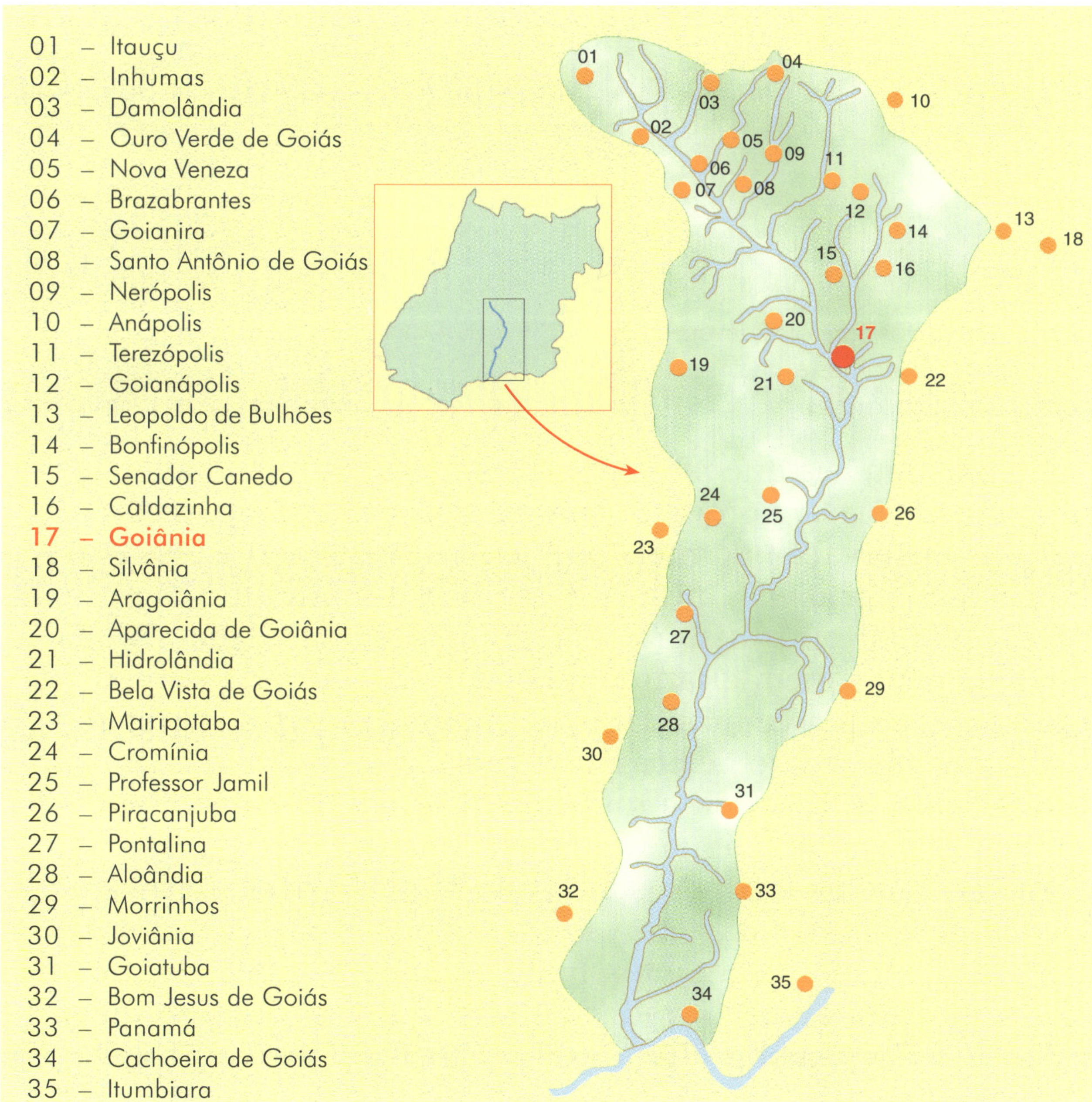


*Fonte:* Projeto de recuperação e manejo da bacia hidrográfica do rio Meia Ponte.

De suas nascentes até Goiânia, ele atravessa regiões recobertas por lavouras de arroz e soja, entre outras. Nessas plantações são usados defensivos agrícolas contra pragas que prejudicam as plantas, podendo até matá-las. Esses venenos são chamados **agrotóxicos**. Para usá-los é necessário tomar uma série de cuidados especiais, pois se não forem obedecidas as instruções do fabricante, eles podem fazer muito mal à saúde. Se forem usados em grande quantidade, contaminarão o solo e na época das chuvas os restos de agrotóxicos serão levados para os rios, contaminando-os também.

DIGITALVISION

Alguns defensivos agrícolas devem ser usados com roupas especiais por serem muito tóxicos.

Existem leis que proíbem o desmatamento ao longo das margens dos rios, porque as matas ciliares são importantes para a conservação do meio ambiente. Infelizmente, essas leis não são cumpridas, e muitos derrubam a mata para fazer suas casas, plantar ou transformá-la em área de pastagem. Essas pessoas nem sabem quanto mal elas estão fazendo para si mesmas e para a comunidade. As matas ciliares ajudam a controlar o processo de erosão, protegem as margens das enxurradas, aumentam a infiltração de água no solo. Sem cobertura vegetal, a água da chuva escoa mais depressa, carregando mais terra do solo. Grande parte dessa terra é levada pelas águas das chuvas e se deposita no leito do rio, deixando-o mais raso. Sem a mata ciliar as margens do rio desbarrancam ou são levadas pela correnteza. Quanto mais raso ele ficar, maior a chance de ocorrer enchentes na época das chuvas.

Quando o rio Meia Ponte chega a Goiânia, a situação piora por causa do esgoto que é jogado nele. A água fica contaminada e suja. Essa sujeira prejudica a vida dos seres que aí vivem, muitas vezes matando peixes e plantas aquáticas. A água que abastece nossas casas, a escola, as fábricas e os hospitais também fica comprometida. Essa água precisa ser tratada, pois usá-la sem tratamento pode fazer muito mal à saúde. Além disso, muitas vezes, trechos mais poluídos do rio cheiram mal e atraem insetos que transmitem doenças.

TATIANA F. GONDIM FRANCO

Rio Meia Ponte.

Lugar de lixo é no lixo! Não jogue lixo nas ruas nem em terrenos baldios. Se você vir alguém fazendo isso, delicadamente explique que esse lixo vai poluir o ambiente.

## Os seres humanos transformam a paisagem

Alguns elementos naturais, como as chuvas, os ventos, os rios, modificam a paisagem. Porém, essas modificações são tão lentas que fica difícil percebê-las em um curto espaço de tempo!

A ação dos seres humanos na paisagem natural é muito mais fácil de ser percebida!

Com o passar dos anos, as pessoas que vieram morar em Goiânia foram modificando a paisagem natural, construindo casas e prédios. Acompanhando o aumento da população, abriram-se ruas, formaram-se bairros, construiram-se pontes, enfim, nossa cidade cresceu.

TATIANA F. GONDIM FRANCO

O trabalho de homens e mulheres transformou a paisagem de Goiânia.

# A origem de Goiânia

## Como nascem as cidades?

As cidades nascem de diversas maneiras. A maioria das cidades brasileiras surgiu de forma espontânea sem planejamento. Assim, muitas delas tiveram início por serem cruzamentos de antigas estradas e caminhos. Outras surgiram devido à construção de um forte militar para a defesa da terra, de uma igreja, de um colégio ou de uma vila. Nesses pequenos núcleos surgiram casas, comércios, igrejas que atraíam cada vez mais pessoas, que aí foram se fixando.

Goiânia foi planejada para ter 50.000 mil habitantes, o mesmo que o estádio de Serra Dourada repleto! Esse número atualmente nos parece pequeno demais, pois a população de Goiânia já ultrapassou 1 milhão de habitantes.

Outras capitais brasileiras, além de Goiânia, também foram planejadas, como Belo Horizonte (MG) e Palmas (TO). Porém, a mais famosa de todas as cidades brasileiras planejadas é Brasília, a capital do nosso país. Brasília fica no Distrito Federal, em terras que pertenciam ao Estado de Goiás.

DELFIM MARTINS/PULSAR IMAGENS

Palmas (TO)

FOTOTECA

Belo Horizonte (MG)

FOTOTECA

Brasília (DF)

## A história de Goiânia

Estamos acostumados a pegar carros, ônibus, trens e aviões para nos deslocarmos de um local para outro. Por exemplo, se formos de carro de Goiânia para Brasília, percorreremos a distância entre elas (200 km) em aproximadamente 2h30min. Se formos de avião, chegaremos em menos de 1 hora! As rodovias são amplas e pavimentadas. Aviões ultra-rápidos decolam e aterrissam em seu aeroporto moderno.

Hoje, os meios de transporte são muito rápidos e eficientes. Porém, nem sempre foi assim. Imagine a dificuldade para ir da Cidade de Goiás até Pirenópolis ou para Minas Gerais há 200 anos. As estradas eram muito ruins, verdadeiras trilhas que ficavam totalmente enlameadas na época das chuvas ou cobriam as pessoas de poeira no inverno. Essas viagens eram feitas a cavalo, ou em carroças, ou até mesmo em carros puxados por bois, e não eram nada confortáveis. As mercadorias eram carregadas em lombos de burro e nos carros de boi.

## As idéias para a mudança da capital

Nosso estado tinha uma capital chamada Vila Boa de Goyaz, atualmente Cidade de Goiás, fundada no século XVIII, na época da extração do ouro.

Está situada em uma área com terreno irregular, cercada pela Serra Dourada; era difícil chegar até lá. Por isso a cidade tornou-se isolada e apresentou dificuldade para crescer, se expandir.

Em 1749, o governador da época, D. Marcos Noronha, o Conde dos Arcos, já pensava em transferir a capital para um outro local de acesso mais fácil. Ele sugeriu que a nova capital fosse instalada em Meia Ponte, hoje a cidade de Pirenópolis.

TATIANA F. GONDIM FRANCO

Vila Boa de Goyaz, hoje Cidade de Goiás, foi a primeira capital do nosso estado. Ela foi fundada na época da mineração, em uma região de serras, de difícil acesso.

O projeto não foi em frente porque seria necessário muito dinheiro para a época.

Setenta e nove anos depois, em 1830, o Presidente da Província de Goiás, Marechal de Campo Miguel Lino de Morais, sugeriu para seus auxiliares a mudança da capital para Água Quente, hoje a cidade de Niquelândia. Para ele, a transferência seria boa, pois em Água Quente a população era maior e havia mais comércio. Essa idéia não agradou às pessoas mais ricas que moravam na capital, pois elas sabiam que com a mudança seus terrenos e casas perderiam valor, o que as levaria a perder dinheiro. Dessa forma, a idéia de mudança da capital também não foi adiante.

Em 1863, o Presidente da Província, Doutor José Vieira Couto de Magalhães, retomou a idéia e colocou-a em seu livro *Primeira viagem ao Araguaia*. Dessa vez, porém, não tinha sido escolhido nenhum local para a nova capital.

Em 1919, o Dr. João Alves de Castro, governador do estado, voltou a propor a mudança da capital. Mais uma vez a idéia não foi para frente, porque a população da Cidade de Goiás colocou-se contra a transferência.

## A mudança definitiva

Em 1930, a Cidade de Goiás ainda era nossa capital. Porém, continuava muito isolada. Na cidade não havia água tratada, rede de esgoto e a estrada de ferro não chegava até lá. Os trens eram o principal meio de transporte da época, pois levavam cargas e pessoas, ligando várias cidades aos principais centros urbanos do país.

Em 1930, o Brasil passou por uma grande revolução, a Revolução de 1930, liderada por Getúlio Vargas, presidente do país. Ele nomeou **interventores** para governar os estados.

O interventor do nosso estado foi o médico Pedro Ludovico Teixeira.

In DULLIS, J. *Carlos Lacerda, Brazilian Crusader*, v. 1. USA. University of Texas Press, 1991.

Getúlio Vargas era o presidente do Brasil na década de 1930.

In SOUZA, C. *Retrospectiva Histórica de Goiás – Da Colônia à Atualidade*. Goiânia. Cultura Goiana, 1996.

Pedro Ludovico foi nomeado interventor do Estado de Goiás por Getúlio Vargas. Foi ele quem transferiu a capital da Cidade de Goiás para a nova cidade, batizada de Goiânia.

Apoiado pelo presidente Getúlio Vargas, Pedro Ludovico retomou a idéia de transferir a capital. Em dezembro de 1932, o interventor nomeou uma comissão para estudar qual o melhor local para erguê-la.

O lugar escolhido foi a Vila de Campinas. Aí os terrenos são planos, havia água abundante, o clima era agradável e a Vila estava próxima à estrada de ferro. A nova capital poderia facilmente ser ligada por estradas de ferro e por rodovias aos principais centros brasileiros. Em outubro de 1933 foi lançada, onde hoje se situa o Palácio das Esmeraldas, a pedra fundamental da futura cidade. Houve uma solenidade e o interventor Pedro Ludovico fincou uma pedra no solo para simbolizar o início da construção da nova capital.

Goiânia foi construída sob a orientação do arquiteto Atílio Correia de Lima e contou com a contribuição de pessoas de várias regiões do Brasil que vieram trabalhar em sua construção. Ela foi erguida em apenas quatro anos: entre 1933 e 1937. As primeiras construções foram: o Palácio das Esmeraldas, o Fórum, o prédio da Secretaria da Fazenda, o Grande Hotel na av. Goiás, a Escola Técnica Federal, as casas das ruas 20 e 24, no Centro, e as casas de madeira às margens do Córrego Botafogo.

Leia o texto a seguir, que descreve o projeto.

## Pedra fundamental

A pedra fundamental de Goiânia foi lançada a 24 de outubro de 1933, com o comparecimento de diversas caravanas chegadas do interior do estado. Houve a missa solene, realizada pelo padre Agostinho Foster e celebrada com acompanhamento do coro de Santa Clara, em pleno altiplano, no local onde deveria ser construída a Praça Cívica. Após a missa, foi dado início à roçagem do lugar. E foi naquele momento que, num vibrante discurso,

Pedro Ludovico enfatizou: "Prevejo que, dentro de cinco anos, grande porção desta área destinada à futura cidade estará coberta de luxuosas e alegres vivendas".

A 20 de novembro de 1935, em meio a uma grande festa instalou-se o Município de Goiânia, onde Pedro Ludovico já residia e afirmava: "Para melhor e mais rápido adiantamento das obras de construção da nova metrópole, transferi para cá a sede do Governo do Estado, trazendo comigo logo a Secretaria Geral que ficará também definitivamente".

Disponível em: <http://www.igr.com.br/geral/goiania.htm>. Acesso em: 12 jul. 2004.

## Que nome dar à nova capital?

A nova capital já tinha um local para ser erguida. Mas qual seria seu nome? Em 5 de outubro de 1933, o jornal "O Social" lançou um concurso entre seus leitores com a seguinte pergunta: "Como deve se chamar a Nova Capital?". O vencedor teria direito a uma assinatura gratuita por dois anos.

Muitos nomes foram sugeridos. Entre eles Petrônia, Americana, Petrolândia, Campanha, Esplanada, Eldorado, Maratia, Anhangüera, Tupirama, Araguaiana, Liberdade, Crisópolis, Heliópolis, Paraguaíra, Goianézia, Buenópolis, Aspirópolis, Maraúba, Pátria Nova, Aurilândia, Goianópolis, Bartolomeu Bueno e Goiânia.

O nome mais votado foi Petrônia (cidade de Pedro), apresentado pelo poeta Leo Lynce. Pedro Ludovico não gostou do nome escolhido. Dois anos depois, em 2 de agosto de 1935, um decreto governamental se referiu pela primeira vez a Goiânia (Nova Goyaz), designando o nome da nova capital. O nome Goiânia foi sugerido pelo professor Alfredo de Faria Castro. Goiânia foi projetada para ser a **cidade jardim**, com muitos parques e praças, ruas largas e arborizadas.

# Os primeiros dias de Goiânia

Em 4 de dezembro de 1935, Pedro Ludovico mudou a sede do governo de Goiás para Goiânia, que ainda estava em obras! Ele e seus assessores se mudaram para um conjunto de apenas dez casas, situado na rua 20, no centro. Os funcionários públicos do governo estadual foram morar na Vila de Campinas. Para irem trabalhar nas Secretarias de Governo, tomavam um ônibus pequeno conhecido como *jardineira.*

HÉLIO DE OLIVEIRA. JORNAL O POPULAR

Uma jardineira como essa levava funcionários de Vila de Campinas até o trabalho nas Secretarias de Governo do Estado, no centro de Goiânia.

Em 23 de março de 1937, foi assinado um decreto, transferindo definitivamente a capital estadual da Cidade de Goiás para Goiânia.

No início, a construção de nossa cidade enfrentou muitas dificuldades. Uma delas era a falta de água encanada. Os trabalhadores buscavam água para suas casas e para as obras em minas de água às margens do córrego Botafogo.

A água era transportada em baldes.

As moradias dos operários da construção e dos funcionários públicos foram erguidas abaixo da rua 04, no Centro, nos bairros Popular e dos Funcionários. O relevo plano favoreceu a execução do projeto e também incentivou o uso de bicicletas para o deslocamento dos habitantes. Por causa disso, a bicicleta se tornou o principal meio de transporte da população. Durante muito tempo a cidade se orgulhou de ser a "capital brasileira da bicicleta".

Ao mesmo tempo em que a cidade era construída, o governo passou a lotear terrenos e a vendê-los, para arrecadar dinheiro e, assim, pagar parte das despesas. Nesses lotes as construções particulares eram erguidas.

Goiânia foi tomando ares de capital.

## Goiânia se torna realidade

Em 1936 foi fundado o primeiro time de futebol de Goiás, a União Americana Esporte Clube. Mais tarde, vieram Vila Nova, Atlético, Goiânia e Goiás Esporte Clube.

Em 1937 foi construída a Usina Elétrica Jaó, no rio Meia Ponte, que gerava luz elétrica para as casas e os edifícios em construção.

O Batismo Cultural (ou a inauguração oficial) da nova capital do Estado de Goiás só ocorreu em 5 de julho de 1942. Nesse dia foi realizada uma cerimônia no Cine-Teatro Goiânia, construído especialmente para a ocasião. Do dia 1º a 11 de julho, Goiânia viveu uma grande festa, com muitas solenidades, inaugurações de obras e bailes. Nessa época Goiânia tinha cerca de 15.000 habitantes.

## A cidade

A zona central é a mais antiga e abriga os principais símbolos da cidade.

TATIANA F. GONDIM FRANCO

Praça Cívica.

TATIANA F. GONDIM FRANCO

Praça do Trabalhador.

TATIANA F. GONDIM FRANCO

Praça Bandeirante.

TATIANA F. GONDIM FRANCO

Praça do Cruzeiro.

# Município de Goiânia – Regionalização e Distritamento

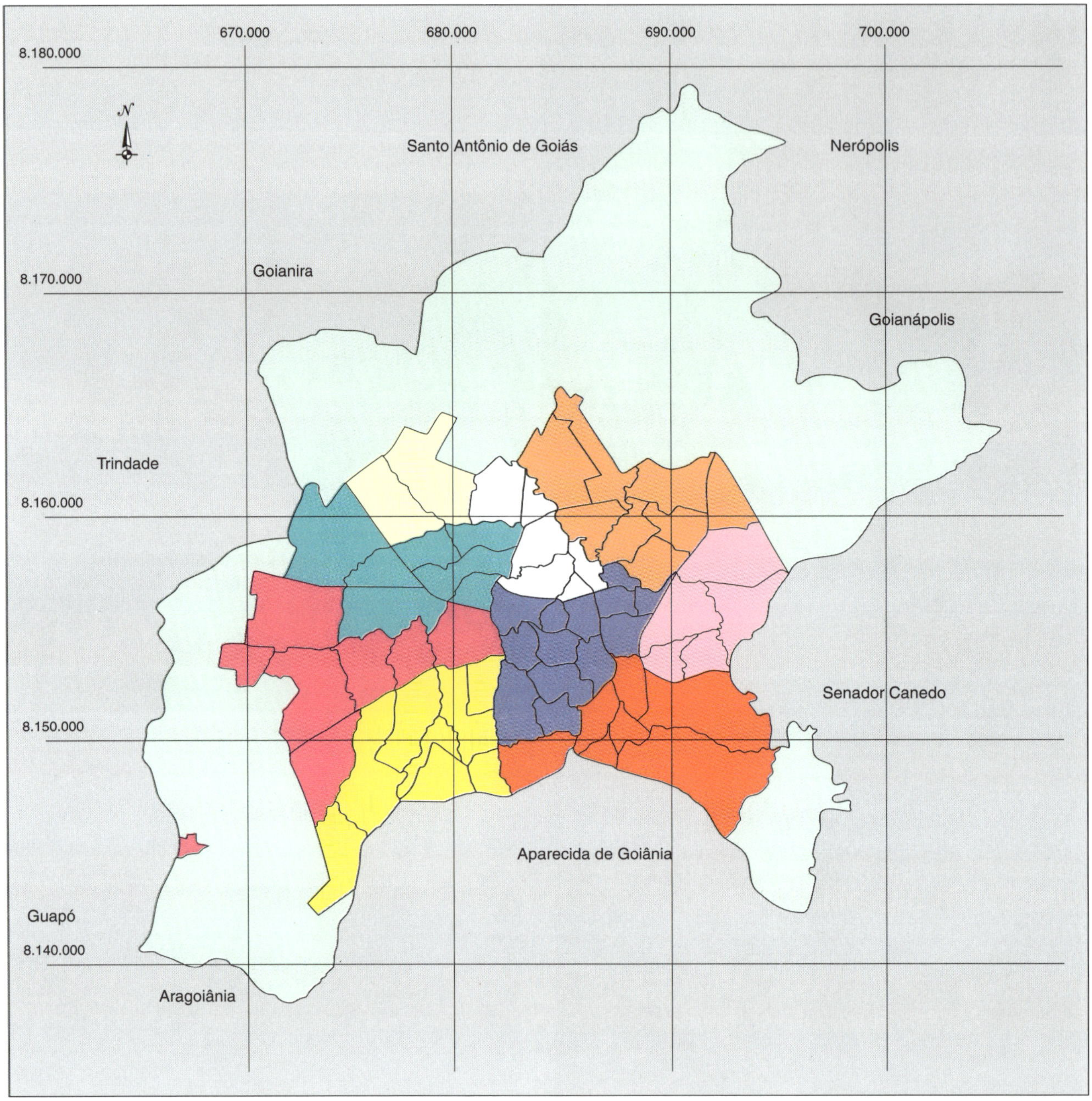


*Fonte:* IPLAM, janeiro 2003.

**LEGENDA**

- Região Central
- Região Leste
- Região Sul
- Região Sudoeste
- Região Oeste
- Região Mendanha
- Região Noroeste
- Região Norte
- Região Vale do Meia Ponte

A cidade está organizada a partir de uma grande praça central, da qual partem ruas e avenidas diagonais envolvidas, pelo lado sul, por avenidas circulares. O setor industrial e a estação ferroviária estão na parte norte da cidade. Na zona central fica o setor administrativo, com os principais prédios públicos e o comércio. A porção sul constitui a área residencial, onde predominam casas e prédios.

A zona central é interligada pelo Setor Sul, um bairro residencial, e o Setor Oeste é um bairro misto (residencial e comercial). A principal área comercial da cidade concentra-se na av. Anhangüera, rua 04, av. 85, av. 24 de outubro.

No projeto original, havia três bairros residenciais: Sul, Oeste e Popular. Mas, por causa do acelerado crescimento de Goiânia, surgiram muitos outros bairros.

BRUNO Z. ZANINI

Avenida Anhangüera.

BRUNO Z. ZANINI

Avenida Cora Coralina, Setor Sul.

## Uma cidade verde

Goiânia é uma capital muito diferente da maioria das capitais brasileiras. Nela encontramos grandes parques, bosques e praças, ruas com muitas árvores e canteiros floridos. A capital goiana é um modelo de cidade com preocupação ecológica, não só para os brasileiros, como para muitos outros países do mundo. Um terço da cidade é ocupada por áreas verdes, entre elas, Bosque dos Buritis, Bosque do Botafogo, Parque Areião, Lago das Rosas, Jardim Botânico Chico Mendes, Parque Estadual Altamiro de Moura Pacheco e Parque Vaca Brava, Parque Mutirama, Parque Zoológico.

Conservando grandes áreas verdes dentro do perímetro urbano, a capital do estado apresenta uma harmonia com a natureza. Seus parques, bosques e lagos são os cartões-postais de Goiânia.

O Bosque dos Buritis é o mais antigo patrimônio paisagístico, localizado no centro da cidade, com três lagos artificiais, uma fonte de 60 m de altura, pista para caminhada ou corrida e área para ginástica, o Museu de Arte de Goiânia, o Centro Livre de Artes e o Monumento à Paz. Nele encontramos várias espécies de plantas nativas.

TATIANA F. GONDIM FRANCO

Bosque dos Buritis.

O Parque Vaca Brava localiza-se em região densamente habitada ao lado do Goiânia *Shopping*. Possui uma área de 18 mil $m^2$, onde estão as nascentes do córrego Vaca Brava. Além do lago, há um bosque repovoado de espécies nativas, pistas para caminhada e ginástica.

TATIANA F. GONDIM FRANCO

Parque Vaca Brava.

O Parque Areião recentemente recebeu grades de proteção. Seu lago está na nascente do córrego Areião. Possui pista para caminhada iluminada, trilhas ecológicas, estações de ginástica e campo de futebol.

A área do parque é de 165 mil $m^2$. Está localizado na rua 90 com a avenida 5ª Radial, Setor Pedro Ludovico.

TATIANA F. GONDIM FRANCO

Parque Areião.

O Parque Estadual Altamiro de Moura Pacheco, inaugurado em 1992, possui mais de 3 mil hectares e está localizado na BR-153 entre Goiânia e Anápolis. O ribeirão Leite corta o parque, há também um pomar e área para acampamento. Nele encontra-se um sítio arqueológico, com resquícios de grupos indígenas de aproximadamente 1500 anos.

TATIANA F. GONDIM FRANCO

Parque Estadual Altamiro de Moura Pacheco.

O Parque Botafogo, localizado entre o Setor Central e Setor Vila Nova, com 172 mil m², foi projetado pelo arquiteto Atílio Correia Lima. Está dividido em duas áreas. A primeira conserva mata de espécies nativas, várias nascentes e lagos; a outra possui pista para caminhada ou corrida, campo de futebol e quadras esportivas.

TATIANA F. GONDIM FRANCO

Parque Botafogo.

O Jardim Botânico, criado em 1978, possui área de visitação com três lagos, sendo que um deles é utilizado para o cultivo de plantas aquáticas. Um tablado com capacidade para 300 pessoas, anfiteatro, orquidário, centro de visitação e pesquisa são outras atrações do parque.

TATIANA F. GONDIM FRANCO

Jardim Botânico.

O Parque Zoológico e o Parque Mutirama fazem a diversão da criançada em Goiânia. O Zoológico foi fundado em 1956, com a inauguração do lago das Rosas. "A partir de 1962, os animais começaram a chegar, através do professor José Hidasi", diz o diretor, Luiz Elias.

TATIANA F. GONDIM FRANCO

Parque Zoológico.

TATIANA F. GONDIM FRANCO

Parque Mutirama.

Atualmente, 1.200 animais das mais variadas espécies (aves, répteis, mamíferos) encontram-se expostos em 300 recintos. Além da exposição de animais, há uma área de lazer que possui quadras poliesportivas e um campo de areia.

Adaptado de: *Diário da Manhã*, Goiânia, 23 jun. 2002.

# EXERCÍCIOS

1. Goiânia está situada em uma região de clima tropical, com verões chuvosos e invernos secos. A vegetação do cerrado muda muito durante o ano. Descreva essa vegetação e as mudanças que ocorrem com ela.

2. Qual a importância das matas ciliares? Por que elas devem ser preservadas?

3. Converse com seu colega sobre o que é erosão e por que ela é um grave problema. Registrem suas conclusões.

4. Qual a importância do rio Meia Ponte para nossa cidade? Em grupo, montem a seguinte discussão: parte do grupo é formada por fazendeiros, industriais, moradores que jogam seus esgotos no rio; a outra parte são moradores de Goiânia que "recebem" a água suja e poluída. Cada grupo deve defender seu ponto de vista. No final, façam um relatório com as conclusões da discussão.

5. Por que nasceu a idéia de se transferir a capital de Goiás? Justifique sua resposta.

6. Que motivos levaram os especialistas a optar por construir a nova capital no local onde ela está localizada?

7. Faça uma pesquisa sobre a construção de Brasília. Reúna o que você descobriu com a pesquisa dos colegas e faça um painel sobre o tema.

8. Junto com um ou mais colegas façam uma entrevista com um antigo morador de Goiânia, que conheceu nossa cidade há muitos anos. Depois da entrevista, formem um grupo em classe, mostrem e discutam os resultados.

**9.** Por que Goiânia é conhecida como a Cidade Verde? Justifique sua resposta.

**10.** Faça um pequeno texto sobre o que é desmatamento, o que ele causa no ambiente e o que pode ser feito para evitar o desmatamento predatório.

# GOIÂNIA NO INÍCIO DO SÉCULO XXI

CEDOC JORNAL *O POPULAR*

A foto, de 1940, retrata o então chamado Jardim Público de Campinas.

TATIANA F. GONDIM FRANCO

Vista da cidade de Goiânia (agosto de 2004).

As fotos acima mostram nossa cidade em duas épocas diferentes. Os idealizadores de nossa capital a construíram para que ela recebesse uma população de 50.000 pessoas. A segunda mostra como é Goiânia hoje, abrigando mais de 1.000.000 de pessoas. Com certeza seus construtores jamais imaginaram que esse número de habitantes fosse atingido em um espaço de tempo tão curto!

Goiânia cresceu tanto que hoje dificilmente podem ser identificados os limites entre ela e as cidades vizinhas. A cidade está praticamente "emendada" nas cidades que a circundam. As maiores áreas de zona rural estão na porção norte da cidade. O conjunto dessas cidades em torno de Goiânia (Abadia de Goiás, Aparecida de Goiânia, Aragoiânia, Goianápolis, Goianira, Nerópolis, Santo Antônio de Goiás, Senador Canedo e Trindade) é chamado de a **Grande Goiânia**.

O município de Goiânia limita-se ao Norte com Goianira, Nerópolis e Goianápolis; ao Sul com Aragoiânia e Aparecida de Goiânia; a Leste com Bonfinópolis e Senador Canedo e a Oeste com Trindade e Guapó.

CIBELI DE SOUZA

Goianira faz parte da chamada "Grande Goiânia".

CIBELE DE SOUZA

Zona rural de Goiânia.

## O que provocou esse crescimento?

Com a inauguração de Brasília, em 1960, vieram muitas pessoas de outros estados para o Centro-Oeste, em particular para Brasília e Goiânia. Essas pessoas que deixam o lugar do Brasil onde nasceram e se mudam para outros locais de nosso país são chamadas **migrantes**. Nossa cidade recebeu milhares de migrantes que vinham em busca de uma vida melhor.

Veja como a população de Goiânia aumentou nas últimas décadas:

| Ano | Número de habitantes |
|---|---|
| 1940 | 48.166 |
| 1950 | 53.389 |
| 1960 | 151.013 |
| 1970 | 380.773 |
| 1980 | 717.484 |
| 1991 | 922.222 |
| 1996 | 1.003.000 |
| 2000 | 1.093.007 |

A Grande Goiânia é um importante pólo de atração de população. Isso significa que muitas pessoas vêm morar aqui, buscando uma vida melhor. Outras vêm para fazer negócios, estudar, fazer tratamentos, consultar médicos especialistas, ir ao banco, comprar sementes para suas lavouras, agrotóxicos, tratores, carros e também para vender suas produções.

Por causa dessa dinâmica economia, do bom comércio, da quantidade de serviços prestados (médicos, advogados, escolas, universidades, hospitais, serviços de informática, entre muitos outros) e, ainda, das indústrias, sobretudo de alimentos, vestuário, móveis e mineração, Goiânia é a cidade mais importante e com o maior número de habitantes de Goiás.

Observe o gráfico a seguir:

## População de Goiânia em relação à população de Goiás (em porcentagem)

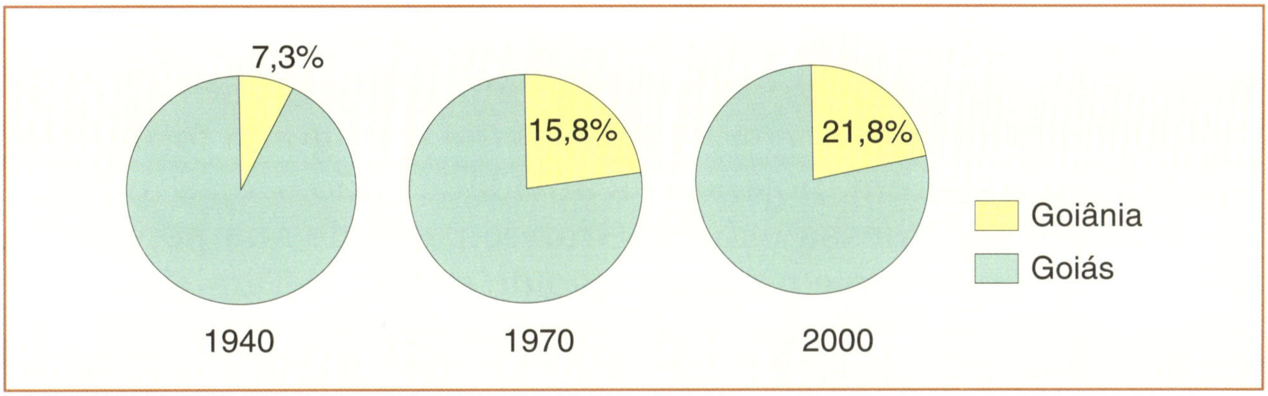


*Fonte:* IBGE 2000.

Do total de pessoas que moram em Goiânia, a maioria vive na zona urbana, ou seja, na cidade.

## Distribuição da população no município de Goiânia em 2000 (em número de pessoas)

| Situação | Sexo | População residente |
|---|---|---|
| Urbana | Homens | 517.253 |
| | Mulheres | 568.553 |
| Rural | Homens | 3.802 |
| | Mulheres | 3.399 |

*Fonte:* IBGE 2000.

## Distribuição da população urbana e rural no município de Goiânia em 2000 (em porcentagem)

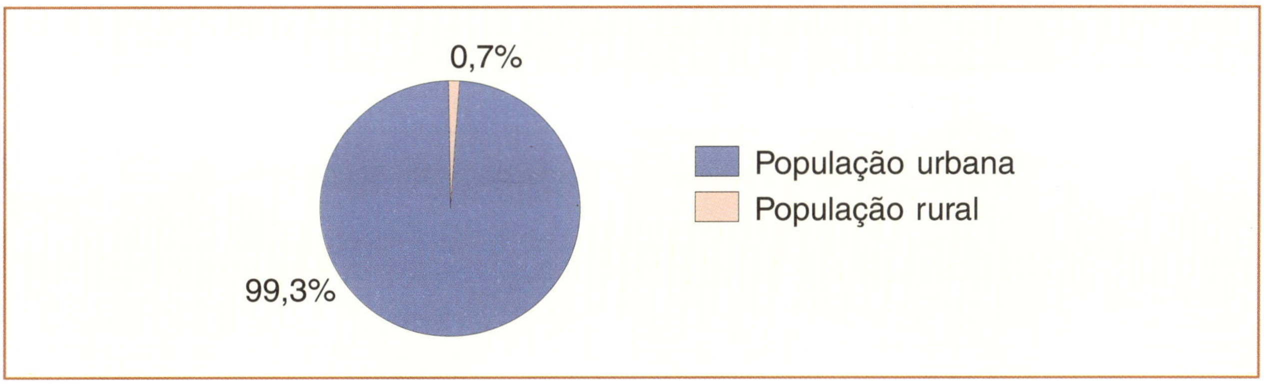


*Fonte:* IBGE 2000.

## Do que vivemos

As principais atividades econômicas de Goiás sempre foram a pecuária e a agricultura, e muitos goianienses trabalham diretamente com elas ou estão de alguma forma ligados a elas. Porém, hoje, essas atividades não são as mais importantes para nossa cidade. Grande parte de sua população trabalha no comércio e na prestação de serviços. Também temos indústrias, principalmente de móveis, vestuário, de alimentos e mineração.

| Principais produtos agrícolas do Estado de Goiás | |
|---|---|
| Algodão herbáceo | Sorgo |
| Milho | Tomate |
| Feijão | Alho |
| Arroz | Soja |
| Cana-de-açúcar | Girassol |

*Baseado em:* FERREIRA, Sônia. Goiás avança no ranking da exportação. *O Popular*. Goiânia, 8 mai. 2004. Caderno de Economia. p. 13.

| Pecuária do Estado de Goiás em US$ | | |
|---|---|---|
| Bovinos* | 11.193.620 | 63,17% |
| Aves | 5.175.152 | 29,21% |
| Suínos | 1.349.769 | 7,62% |
| **TOTAL** | **17.718.541** | **100%** |

* 3º maior rebanho do Brasil e 1º maior produtor de leite.

*Baseado em:* FERREIRA, Sônia. Goiás avança no ranking da exportação. *O Popular*. Goiânia, 8 mai. 2004. Caderno de Economia. p. 13.

### Horticultura tem grande destaque

A cultura de frutas e hortaliças tem sido de grande importância na economia municipal. Os baixos custos de produção e de venda são os principais fatores de crescimento da atividade em todo o estado.

Como intermediador entre o produtor e o mercado, o Ceasa* recebe em média 15 mil pessoas por dia, comercializa produtos de 170 municípios goianos e emprega 2 mil carregadores. Mensalmente, são comercializadas 60 mil toneladas de produtos no Ceasa, o que faz o órgão ocupar o quinto lugar nacional em volume de comercialização. [...]

*Ceasa: Centrais de Abastecimento de Goiás S/A.

*Fonte: Diário da Manhã*, Goiânia, 23 jun. 2002.

## A vida em Goiânia

Nossa cidade é uma das capitais brasileiras que tem melhor qualidade de vida. Isso quer dizer que ela oferece a grande parte da população serviços básicos, como rede de esgoto, água tratada e rede elétrica, além de serviços hospitalares e uma boa rede de ensino, entre outras coisas.

Goiânia é uma cidade com muitas áreas verdes, por causa de seus parques, bosques e jardins. Aproximadamente um terço da área urbana da cidade é arborizada. As ruas largas e as grandes avenidas formam um dos melhores sistemas de circulação de veículos do país! Temos uma boa rede de ensino pública e particular, contando com grandes universidades. A maioria das residências está ligada à rede de esgoto, à rede elétrica e recebe água encanada.

Ter saneamento básico (canalização de esgotos e água tratada) é importante para conservar a saúde da população. Os esgotos a céu aberto facilitam a disseminação de doenças.

Também temos um dos maiores e mais bem planejados aterros sanitários do Brasil. Nos aterros sanitários o lixo é depositado em um terreno preparado para recebê-lo e recoberto com terra. Desse modo, o lixo não fica a céu aberto, evitando que se torne um foco de doenças e de mau cheiro.

DIGITALVISION

O esgoto a céu aberto é um foco de bactérias e outros microrganismos que provocam doenças, muitas delas podendo levar à morte.

TATIANA F. GONDIM FRANCO

O lixo produzido na cidade não pode ser deixado em qualquer lugar. Precisa ser recolhido em locais apropriados.

Na área de assistência à saúde, Goiânia é uma referência nacional. Suas qualidades são reconhecidas como uma das melhores do país. Destacam-se especialidades médicas como a oftalmologia, a oncologia (estudos sobre o câncer), a neurologia (doenças do sistema nervoso), o tratamento de queimaduras.

Também nossa engenharia é tida como uma das melhores do Brasil.

TATIANA F. GONDIM FRANCO

Santa Casa.

TATIANA F. GONDIM FRANCO

Hospital de Urgências de Goiânia – HUGO.

## Nossa gente

Goiânia tem uma intensa atividade artística e cultural. O artesanato também se destaca, sendo comercializado. Muitos artistas expõem suas obras nas feiras de artes e artesanato que acontecem em Goiânia, entre elas a Feira Hippie, a Feira da Lua e a Feira do Sol.

Nessas feiras, além de artistas e artesãos, também são expostas peças de vestuário, antigüidades, flores e, muitas vezes, há apresentação de grupos musicais.

TATIANA F. GONDIM FRANCO

Feira Hippie.

TATIANA F. GONDIM FRANCO

Feira da Lua.

TATIANA F. GONDIM FRANCO

Feira do Sol.

Muitos goianienses, ou pessoas que adotaram nossa cidade para morar, se destacaram nas artes e cultura, sendo reconhecidos também internacionalmente. Vejamos alguns deles.

## Bernardo Élis

CEDOC CIBELI DE SOUZA

Bernardo Élis.

Bernardo Élis de Campos Curado nasceu em Corumbá (MS) no dia 15 de novembro de 1930 e morreu em Goiânia em 1997. Escritor bastante reconhecido, era advogado formado pela Faculdade de Direito de Goiás. Foi o primeiro Secretário Municipal de Cultura de Goiânia. Em 1942, foi um dos fundadores da *Revista Oeste*. Bernardo foi eleito membro da Academia Brasileira de Letras, ocupando a cadeira número 1 dessa entidade que reúne os maiores escritores do país. Em 1967, 1968 e 1994 recebeu o prêmio

Jabuti, o mais importante prêmio nacional de literatura, por suas obras *Veranico de Janeiro*, *O Tronco* e *Ermos e Gerais*, respectivamente.

## Miguel Jorge

Miguel Jorge nasceu em Campo Grande, Mato Grosso do Sul. Veio para Goiânia em 1960 depois de ter se formado em Farmácia e Bioquímica pela UFMG, em Belo Horizonte. Iniciou sua carreira de escritor, escrevendo crônicas e poesias. Com o passar do tempo, escreveu romances, novelas e peças para teatro. Publicou mais de 20 livros, entre eles estão: *Avarmas* (contos), *Veias e Vinhos* (romance), *Morozinho* (novela juvenil), *Urubanda* (contos), *Peão Cozido debaixo de Brasa* (romance), Prêmio Biblioteca Nacional, *Nos Ombros do Cão* (romance), *Lacraus* (contos), *Kibuy* (teatro), *Marbrasa* (poesia).

CEDOC CIBELI DE SOUZA

Miguel Jorge.

CEDOC CIBELI DE SOUZA

Gabriel Nascente.

## Gabriel Nascente

Gabriel Nascente é considerado um dos maiores poetas da atualidade. Nasceu em Goiânia em 23 de janeiro de 1950.

Jornalista, além de poeta é também romancista e contista. Tem mais de 30 livros publicados e recebeu vários prêmios nacionais e internacionais.

## Siron Franco

O artista plástico Siron Franco nasceu em 25 de julho de 1947, na Cidade de Goiás. Com apenas três anos veio com sua família morar em Goiânia. Com 13 anos, em 1960, freqüentou o ateliê do pintor D. J. Oliveira, na Escola Goiana de Belas Artes.

Aos vinte anos, fez sua primeira exposição individual em Goiânia, composta só por seus desenhos. Seu talento logo chamou a atenção do público. Siron tornou-se cada vez mais conhecido, expondo sua arte em diversas capitais brasileiras e também em outros países. Siron Franco é considerado um dos mais importantes artistas plásticos do país e muito respeitado no exterior. Tem obras expostas no Museu de Arte Moderna de Nova York.

## Frei Giuseppe Nazareno Confaloni

O frei dominicano Giuseppe Confaloni nasceu em 23 de janeiro de 1917 na cidade italiana de Grotte di Castro.

CEDOC TATIANA F. GONDIM FRANCO

Frei Giuseppe Nazareno Confaloni.

Em 1950 veio da Itália para morar no Brasil, fixando moradia em Goiânia. Seu primeiro trabalho como artista plástico foi pintar os afrescos da igreja do Rosário.

Era apaixonado pelas artes plásticas. Foi um dos fundadores da Escola de Goiana de Belas Artes e tornou-se um de seus mais importantes professores. Nessa escola dava aulas de desenho e artes plásticas. Ele e um amigo chamado Elder Rocha criaram a Escola de Arquitetura da Universidade Católica de Goiás. Suas atividades como artista e incentivador das artes em Goiânia não pararam por aí, tendo influenciado grande parte dos artistas goianienses. Seus trabalhos foram expostos em São Paulo, Brasília e em diversas cidades italianas. Frei Giuseppe é considerado o "pai" das artes goianas. Ele morreu em 1997.

## Antonio Poteiro

Antonio Poteiro.

Antonio Batista de Souza nasceu em Portugal em 10 de outubro de 1925. Ainda menino veio para o Brasil.

Desde muito cedo interessou-se pela cerâmica e pela pintura. Adotou o nome artístico Antonio Poteiro por ter sido oleiro.

O grande artista ceramista e pintor é autodidata, ou seja, aprendeu tudo o que sabe sobre cerâmica e pintura sozinho, sem nunca ter freqüentado uma escola dessas áreas. Sua arte é reconhecida no Brasil e no exterior.

Fez várias exposições individuais, além de ter sido convidado a participar de mostras nacionais e internacionais.

## Angelos Ktenas

Angelos Ktenas.

Angelos Ktenas é grego e veio para Goiânia em 1957. Considerado um grande escultor, trabalha principalmente com bronze. Foi professor no Instituto de Artes da Universidade Federal de Goiás. Seu trabalho é reconhecido no Brasil e no exterior, tendo recebido diversos prêmios.

TATIANA F. GONDIM FRANCO

O Monumento Câmara Cascudo é uma homenagem ao jornalista Joaquim Câmara Filho, fundador do jornal O *Popular*. O busto em bronze é uma criação do artista plástico Angelos Ktenas.

## A música goianiense

Muitos pensam que a música sertaneja é a única forma de expressão dos cantores, compositores e músicos da cidade. Pensam assim, pois as mais famosas duplas sertanejas do país nasceram ou têm suas raízes em Goiânia. Entre elas estão Zezé de Camargo e Luciano, Leandro e Leonardo (essa última se desfez com a morte de Leandro; desde então, Leonardo continuou sua carreira sozinho), Bruno e Marrone.

Entre os talentos da nossa música estão Marcelo Barra, que canta com voz doce e suave as belezas de Goiás. Pádua, Fernando Perillo e João Caetano são outros bons exemplos da música que se faz em nossa cidade.

## Preservando a memória de nossa cidade

Podemos saber sobre a história de nossa cidade observando fotos, construções, objetos e vestuário antigos, por meio de documentos escritos, conversando com pessoas mais velhas, visitando museus. É muito importante preservarmos nossa história, os documentos e monumentos que contam de que maneira as pessoas viviam, pensavam e agiam.

Mas, o que é um museu? Qual sua utilidade e importância?

Segundo o *Dicionário Houaiss*, museu é uma "instituição dedicada a buscar, conservar, estudar e expor objetos de interesse duradouro ou de valor artístico, histórico etc." Isso quer dizer que nos museus são guardados e expostos ao público objetos, pinturas, roupas, móveis, jóias, entre muitos outros documentos e peças, que contam a história de determinado local e período. Aqui em Goiânia temos alguns museus. Vamos conhecer um pouco de um deles, o Museu Pedro Ludovico, que conta a história de Goiânia e de seu fundador.

O Museu Pedro Ludovico está instalado na casa que pertencia à sua família, construída em 1934 e que, mais recentemente foi tombada pelo Patrimônio Histórico. Isso significa que ela não pode ser demolida ou sofrer qualquer alteração que não seja autorizada por esse órgão governamental. Na casa, que foi restaurada para ser museu, encontramos móveis, roupas, eletrodomésticos, pratarias, a biblioteca e vários documentos sobre Pedro Ludovico, sua família e suas ações como interventor. Muitos desses objetos foram doados por pessoas ou famílias que conviveram com ele.

CIBELI DE SOUZA

Museu Pedro Ludovico.

A inauguração do museu aconteceu no dia 25 de setembro de 1987.

Monumentos e antigas edificações também contam a história de nossa cidade. Vejamos alguns deles:

- **Palácio das Esmeraldas** – também conhecido como Casa Verde, por ter sido pintado inicialmente com essa cor. Recebeu esse nome em homenagem às *Entradas e Bandeiras*, que vieram até Goiás atrás do ouro e pedras preciosas no século XVIII. Foi a segunda sede do governo do Estado de Goiás (a primeira foi o Palácio Conde dos Arcos, na Cidade de Goiás). Por decreto-lei do governo, será transformado em museu.

Palácio das Esmeraldas.

- **Monumento ao Bandeirante** – foi inaugurado em 9 de novembro de 1942. Tem 3 metros de altura e é feito em bronze. Criado a pedido dos estudantes da Faculdade de Direito da Universidade de São Paulo, homenageia os paulistas bandeirantes que aqui chegaram em busca de ouro e pedras preciosas.

Praça Bandeirante.

✦ **Monumento à Paz** – essa obra, criada por Siron Franco, tem a forma de uma ampulheta. No seu interior há um espaço que contém uma porção de terra de todos os continentes. Essa terra significa a integração e a convivência pacífica de todos os povos do mundo.

TATIANA F. GONDIM FRANCO

Monumento à Paz.

## O acidente que comoveu a cidade

O dia 13 de setembro de 1987 parecia ser um dia normal para os goianienses. Mas não foi para Roberto Alves e Wagner Mota Pereira. Os dois catadores de papel e de sucata saíram normalmente de suas casas e foram ao centro de Goiânia em busca de coisas que pudessem ser vendidas no ferro-velho. Estavam em um local chamado *Buraco da Santa Casa* (demolida alguns anos antes), mais precisamente em um prédio abandonado onde havia funcionado o Instituto Goiano de Radioterapia, um centro para tratamento de pacientes com câncer.

De repente, acharam um objeto que pesava mais de 100 quilos e o removeram em um carrinho de mão até a casa de um deles. Intrigados, pegaram uma marreta e quebraram o tal objeto. Dentro dele encontraram uma peça de chumbo que recobria um cilindro metálico. Eles conseguiram abrir o cilindro, sem ter idéia de que se tratava de um aparelho de radioterapia, com material radioativo, o césio-137. Encontraram no interior, recoberta por chumbo, uma espécie de pedra do tamanho de um limão, que emitia uma luz intensa e azul, principalmente à noite. O material se partiu em diversos pedaços. Os catadores de sucata ofereceram as pedras e o chumbo aos irmãos Devair e Ivo Alves Ferreira, donos de um ferro-velho que aceitaram a proposta feita pelos catadores de sucata. O material desconhecido atraiu a curiosidade de muitas pessoas que foram ao ferro-velho para ver a pedra que brilhava. Devair, encantado com as pedrinhas, levou-as para casa.

Devair adoeceu e seu irmão Ivo foi visitá-lo. Na hora de ir embora, Ivo decidiu pegar um pouco do material brilhante e levou-o para casa. As pedrinhas brilhantes chamaram a atenção de sua esposa, da filha e também de seus amigos. Sua filha Leide, de seis anos de idade, brincou com as pedrinhas e suas mãos ficaram com restos de césio. Na hora do jantar ela ingeriu o césio com os alimentos. Leide foi a primeira a morrer.

O vizinho de Devair, Edson Fabiano, também se encantou com as tais pedrinhas e levou algumas delas para casa. A casa de Edson foi considerada um dos principais focos de contaminação, porque ele jogou o material radioativo no vaso sanitário.

Maria Gabriela, a esposa de Devair, achou estranho tanta gente conhecida estar com os mesmo sintomas: vômito, náusea, dor de cabeça, emagrecimento, dores no corpo e queda de cabelo. Desconfiada de que aquele material misterioso poderia ter relação com a doença das pessoas, no dia 28 de setembro levou o que restou dele à Divisão de Vigilância Sanitária (DVS) próxima a sua casa.

Os médicos desconfiaram que se tratava de material radioativo. No dia seguinte, o físico Walter Mendes Ferreira, com o auxílio de um dosímetro (medidor de radioatividade), comprovou que a casa de Devair e Maria Gabriela estava contaminada por material radioativo.

As autoridades foram alertadas e muitas pessoas foram submetidas a exames para saber se estavam contaminadas ou não. Sessenta delas foram consideradas contaminadas em alto grau. Todos aqueles que tiveram contato direto com o césio tomaram “azul da Prússia”, uma substância que elimina pelas fezes e pela urina as partículas radioativas. Todo esse material expelido foi guardado em caixas de metal especiais, que foram colocadas em um depósito apropriado, pois elas ainda têm radioatividade.

TATIANA F. GONDIM FRANCO

TATIANA F. GONDIM FRANCO

No Parque Estadual de Abadia de Goiás foram depositados os restos do material contaminado pelo acidente ocorrido em 1987 com o césio-137.

Na metade de outubro, morreram Maria Gabriela, a menina Leide e dois funcionários do ferro-velho de Devair.

O material contaminado foi enterrado em um depósito construído especialmente para esse fim, em local a 25 quilômetros de distância de Goiânia, onde hoje há um parque ecológico.

# EXERCÍCIOS

1. Você já viu que a população de nossa cidade é formada por um grande número de migrantes. Agora, vamos pesquisar como sua família se fixou em Goiânia. Para isso, prepare um roteiro, perguntando a um parente seu como, quando e por que decidiram fixar residência aqui. Depois, em classe, relate as diversas origens das famílias, as principais razões que as fizeram mudar para cá, se parte da família está em outra região do estado ou do país etc.

2. Escreva com suas palavras o que você entendeu pela expressão "a Grande Goiânia".

3. Faça uma pesquisa com as pessoas que moram com você e descubra a que tipo de trabalho elas se dedicam. Em classe, monte um quadro com essas informações e as analise. Registre as conclusões a que vocês chegaram.

4. O que você entende quando se afirma que Goiânia tem uma boa qualidade de vida? Justifique sua resposta.

5. Discuta em grupo se o acidente com material radioativo em Goiânia poderia ter sido evitado. O que podemos aprender com esse triste fato?

6. Que tal ir visitar um museu? Se for possível, sua classe poderá organizar a ida a um museu junto com sua professora. Você, com certeza, vai gostar muito desse estudo.